# 我最爱吃的蛋料理

贺师傅教你严选食材做好菜 广受欢迎的各种食材料理

加 贝 ◎ 著

U0338480

译林出版社

**图书在版编目(CIP)数据**

我最爱吃的蛋料理 / 加贝著 . —— 南京 ：译林出版社，2015.4
(贺师傅幸福厨房系列)
ISBN 978-7-5447-5441-5

Ⅰ . ①我… Ⅱ . ①加… Ⅲ . ①禽蛋－菜谱 Ⅳ .
① TS972.123

中国版本图书馆 CIP 数据核字 (2015) 第 086974 号

| | |
|---|---|
| 书　　名 | 我最爱吃的蛋料理 |
| 作　　者 | 加　贝 |
| 责任编辑 | 陆元昶 |
| 特约编辑 | 曹会贤 |
| 出版发行 | 凤凰出版传媒股份有限公司 |
| | 译林出版社 |
| 出版社地址 | 南京市湖南路1号A楼，邮编：210009 |
| 电子信箱 | yilin@yilin.com |
| 出版社网址 | http://www.yilin.com |
| 印　　刷 | 北京京都六环印刷厂 |
| 开　　本 | 710×1000毫米　　1/16 |
| 印　　张 | 8 |
| 字　　数 | 27.8千字 |
| 版　　次 | 2015年6月第1版　　　2015年6月第1次印刷 |
| 书　　号 | ISBN 978-7-5447-5441-5 |
| 定　　价 | 25.00元 |

译林版图书若有印装错误可向承印厂调换

# 目　录

 蔬菜杀手

## 热炒凉拌蛋料理

# CONTENTS

**汁浓味醇**

## 蒸煮卤蛋料理

**酥嫩香口**

## 煎炸烤蛋料理

用筛子把布丁滗过筛两遍，可使其更细腻，蒸出来更香滑。

# 蛋类种类、结构及营养价值

## ❀ 蛋类种类 ❀

常见的蛋类有鸡蛋、鸭蛋、鹅蛋和鹌鹑蛋等，其中产量最大、接受度最广、食品加工业中使用最多的是鸡蛋。

## ❀ 蛋类结构 ❀

各种禽蛋的结构都很相似，主要由蛋壳、蛋清、蛋黄三部分组成。以鸡蛋为例，蛋壳的主要成分是碳酸钙，颜色由白到棕，深度因鸡的品种而异，跟蛋的营养价值无关。壳内蛋清包裹着蛋黄。

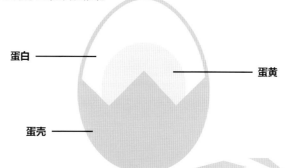

蛋白 ——————

—————— 蛋黄

蛋壳 ——————

## ❀ 蛋类的营养价值 ❀

蛋清和蛋黄分别占可食用部分的 1/3 和 2/3。蛋清中的营养素主要是蛋白质，含有的氨基酸组成与人体组成模式接近，是食物中最理想的优质蛋白质。蛋黄比蛋清含有更多的营养成分，集中了大部分钙、磷、铁等无机盐，还富含维生素 A、D 和 B 族。

# 🥚 蛋类选购小窍门

## 🌷 如何选购鸡蛋 🌷

### 看外观 🥚
新鲜鸡蛋表面上有一层雾一样的薄层，叫做蛋壳膜，是不光滑的；太光滑的蛋不新鲜。

### 看手感 🥚
新鲜的鸡蛋因为水分没有蒸发，所以手感比较沉；同样大小的蛋，不新鲜的比较轻。

## 🌷 如何选购鸭蛋 🌷

### 看颜色 🥚
新鸭子年轻体壮，钙质充足，产的蛋是淡蓝色青皮；老龄鸭子和营养不良的鸭子，产的蛋壳薄，易碎，外壳粗糙有斑点。

### 看手感 🥚
有少量鸭蛋蛋壳无毛孔，表皮特别光滑，轻弹或轻磕有轻微尖锐的声响，这种蛋食用无妨碍，但是不能制作松花蛋或咸蛋。

## 🌷 如何选购鹅蛋 🌷

### 看外观 🥚
首选蛋壳颜色不光亮，摸起来表面不光滑的。

### 看手感 🥚
相对重量大一些的鹅蛋，比较新鲜。

## 🌷 如何选购鹌鹑蛋 🌷

### 看颜色 🥚
优质鹌鹑蛋近似圆形，个体很小，表面有棕褐色斑点。新鲜鹌鹑蛋颜色鲜明，细看表面有细小气孔；没有气孔的是陈蛋。

### 听声音 🥚
用手轻轻摇动，没有声音的是新鲜蛋，有水声的是陈蛋。

# 常用蛋制品一览

## ❀ 再制蛋类 ❀

再制蛋类是指以鲜鸭蛋或其他禽蛋为原料，经由纯碱、生石灰、盐或含盐的纯净黄泥、红泥、草木灰等腌制，或用食盐、酒糟及其他配料糟腌等工艺制成的蛋制品，如皮蛋、咸蛋、糟蛋、松花蛋等。

## ❀ 干蛋类 ❀

干蛋类是指以鲜鸡蛋或者其他禽蛋为原料，取其全蛋、蛋白或蛋黄部分，经加工处理（可发酵）、喷粉干燥工艺制成的蛋制品，如巴氏杀菌鸡全蛋粉、鸡蛋黄粉、鸡蛋白片等。

## ❀ 冰蛋类 ❀

冰蛋类是指以鲜鸡蛋或其他禽蛋为原料，取其全蛋、蛋白或蛋黄部分，经加工处理，冷冻工艺制成的蛋制品，如巴氏杀菌冻鸡全蛋、冻鸡蛋黄、冰鸡蛋白。

## ❀ 其他类 ❀

其他类是指以禽蛋或上述蛋制品为主要原料，经一定加工工艺制成的其他蛋制品，如蛋黄酱、色拉酱。

### ● 书中计量单位换算

1小勺盐≈3g
1小勺糖≈2g
1小勺淀粉≈1g
1小勺香油≈2g
1小勺酵母粉≈2g

1大勺淀粉≈5g
1大勺酱油≈8g
1大勺醋≈6g
1大勺蚝油≈14g
1大勺料酒≈6g

✓ 1大勺标准（平勺）

✗

1碗标准

1碗水≈250ml
1碗面粉≈150g

# 蔬菜杀手
## 热炒凉拌蛋料理

朴实家常的苦瓜炒鸡蛋
酸甜可口的糖醋荷包蛋
蛋和巧手烹调配合
织就关于家的温暖记忆

苦瓜炒鸡蛋

糖醋荷包蛋

鸡蛋中含有大量的蛋白质、脂肪、氨基酸和其他多种微营养素,有益于人体营养均衡。

# 湘味·金钱蛋

**材料：** 鸡蛋4个、干豆豉1大勺、小红辣椒8个、杭椒10个、野山椒5个、青蒜3根、葱末1小勺、蒜片1小勺

**调料：** 油4碗、辣酱1小勺、生抽1大勺、白糖1小勺、香油1小勺

⏱ **20分钟**　🍴 初级　🍚 3人

## 金钱蛋怎么做才会酥脆入味？

金钱蛋做得好吃的秘诀有二：首先，要将切好的鸡蛋炸透，将鸡蛋炸出酥脆的表皮，才会爽口；其次，煸炒辣椒时，要将辣椒煸炒至表皮发白，使辣味充分释出，鸡蛋吸足滋味后才会好吃。

**制作方法**

水量要没过鸡蛋

刀沾下凉水更好切

❶ 鸡蛋洗净、放入冷水锅中，大火加热，煮10分钟。

❷ 鸡蛋煮熟后，捞出、用凉水浸泡5分钟，方便去壳；干豆豉放入油中泡软。

❸ 熟鸡蛋去壳，将每个鸡蛋都竖着切成5片，备用。

❹ 小红辣椒和杭椒洗净、去蒂，切圈；野山椒切碎；青蒜洗净，切成2cm长的段。

❺ 起油锅，倒4碗油大火烧至八成热，下入鸡蛋片，炸成金黄色，捞出、滗油。

❻ 锅中留2大勺底油，下入干豆豉，大火炒香，再放辣椒圈、葱末、蒜片，炒香。

❼ 然后倒入辣酱，炒至辣椒圈熟透。

❽ 接着下入炒好的鸡蛋，加入生抽及白糖，翻炒均匀。

❾ 最后，撒入青蒜段，淋入香油，翻炒均匀，即可出锅。

# 韭香鸡蛋

**材料：** 韭菜1把、鸡蛋4个、鲜虾仁半碗

**调料：** 盐1小勺、油3大勺

制作方法

❶ 韭菜择好、洗净，清水中加半小勺盐，将韭菜放入水中浸泡10分钟。

❷ 将浸泡过的韭菜滗干，切成小段，放入盆中，备用。

❸ 鸡蛋打入碗中，加入半小勺盐，搅匀，然后放入切好的韭菜。

❹ 再倒入鲜虾仁，用筷子搅拌，混合均匀。

❺ 炒锅中加油，大火烧至七成热，倒入韭菜鸡蛋液，小火炒散。

❻ 待蛋凝固后，停止搅动，使鸡蛋块保持完整，香味飘出后盛出。

## 韭香鸡蛋怎么做才会使鸡蛋蓬松？

做韭菜蛋液时，要尽量少加水，因为韭菜本身就含有水分，韭菜中的水分煎干后，韭香味才会飘出。鸡蛋液下锅前，锅中的油温要高，高油温可以使鸡蛋膨发得更大，吃起来更加香松软滑。

韭菜含有挥发性物质，因此具有辛辣味，有增加食欲的作用。
韭菜还含有丰富的纤维素，食物纤维能刺激肠道蠕动，
促进人体排毒，减少对胆固醇的吸收，
降低动脉硬化、高血脂等症状的发生率。

🕐 20分钟　🍲 初级　🍚 2人

# 西红柿炒蛋

**材料：** 西红柿2个、鸡蛋3个、葱1段、姜1块、香葱1根

**调料：** 盐1.5小勺、油3大勺、生抽0.5大勺、白糖2大勺

制作方法

❶ 西红柿洗净、对半切开，切去硬蒂，以免影响食用口感。

❷ 再将西红柿切成约2cm的小块，备用。

❸ 鸡蛋打入碗中，加半小勺盐，搅拌均匀。

❹ 葱洗净，纵向切开，再切成段；姜洗净，切成姜丝；香葱洗净，切成葱花。

❺ 锅中加2大勺油，大火烧热，倒入鸡蛋液，略定型后用锅铲推拉，炒散盛出。

❻ 再倒入1大勺油，下入葱段、姜丝，中火炒至葱段变黄微焦。

❼ 接着放入西红柿块，用锅铲推动翻炒西红柿块。

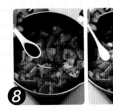

❽ 再倒入生抽、盐、白糖，使颜色更加诱人。

❾ 炒至西红柿即将出汁时，倒入鸡蛋，大火翻炒均匀，撒上香葱花即可。

西红柿内的苹果酸、柠檬酸等有机酸，
既有保护维生素 C 不被高温破坏的作用，还能增加胃液酸度，
帮助消化，调整胃肠功能。

🕐 10 分钟　🍲 初级　🍚 3 人

# 苦瓜炒鸡蛋

材料：葱1段、干木耳2朵、红辣椒1个、苦瓜1根、鸡蛋2个
调料：盐1小勺、油3大勺

⊕ 20分钟　🍚 中级　🥢 4人

> 苦瓜，别名凉瓜，是瓜类蔬菜中含维生素 C 最高的一种，仅次于辣椒。
> 嫩果中糖甙含量高，味苦，
> 具有清热消暑、养血益气、补肾健脾、滋肝明目的功效。
> 苦瓜还具有预防坏血病、保护心脏、润肤美容等作用。

## 制作方法

盐腌可去部分苦味

**1** 葱洗净，切末；干木耳洗净，泡发；红辣椒洗净、斜切成段，备用。

**2** 苦瓜洗净，对半切开，用勺子挖去籽瓤和白膜，切成薄片，用盐腌制片刻，备用。

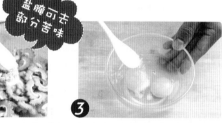

**3** 鸡蛋打入碗中，加半小勺盐，搅拌均匀，备用。

**4** 炒锅倒入3大勺油，烧至七成热时倒入蛋液，转小火迅速滑炒，五成熟时盛出备用。

**5** 锅中留底油，放葱末和红辣椒段，煸香后依次倒入腌制的苦瓜片、木耳，大火翻炒2分钟。

**6** 倒入炒好的鸡蛋，加盐调味，翻炒均匀后出锅盛盘，即可食用。

## 苦瓜炒鸡蛋怎么做才清香美味？

苦瓜，顾名思义，吃起来比较苦，想要苦瓜不苦，首先需要选用嫩苦瓜，其次，用盐腌制片刻，出水后可以去除一些苦味，并保持其清香味。煸香葱末，或者加入蒜末都可以提鲜提香。

# 洋葱炒鸡蛋

**材料：** 白洋葱半个、胡萝卜1/4个、青椒半个、鸡蛋3个
**调料：** 盐1小勺、油4大勺、生抽1小勺

## 制作方法

**1** 白洋葱、胡萝卜去皮洗净，切成细丝；青椒洗净、去籽，切丝，备用。

**2** 鸡蛋打入碗中，加入半小勺盐，搅拌均匀，备用。

**3** 锅烧热倒油，至七成熟时转为小火，倒入蛋液，炒至金黄色后，盛出备用。

*大火快炒，洋葱更脆*

**4** 留底油，大火烧热，放胡萝卜丝，翻炒至微软；放洋葱丝，翻炒至微软。

**5** 加入生抽和半小勺盐调味。

**6** 倒入鸡蛋，翻炒均匀后撒入青椒丝，成熟后即可出锅。

### 切洋葱时怎样才能不刺激眼睛？

切洋葱时特别容易刺激眼睛，但只要在切之前把洋葱放在冷水里浸一会儿，把刀也浸湿，再切就不会流眼泪了。或者，把洋葱先放在冰箱里冷冻一会儿，然后再拿出来切，也会取得较好的效果。

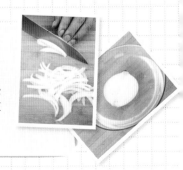

洋葱含有前列腺素 A，能降低外周血管阻力，降低血黏度，
有利于降低血压、提神醒脑、缓解压力、预防感冒。
此外，洋葱还能清除体内氧自由基，
增强新陈代谢能力，抗衰老，预防骨质疏松。

🕐 20 分钟　🍚 初级　🍜 2 人

# 豌豆苗炒鸡蛋

**材料:** 红椒1个、葱1段、豌豆苗1把、鸡蛋2个
**调料:** 盐1.5小勺、油3大勺

⏱ 10分钟　🍲 初级　🍚 2人

> 鸡蛋含有 DNA 和卵磷脂、卵黄素等营养元素，
> 对我们人脑的发育是非常有益的，有助于改善人的智力，健脑益智。
> 而豌豆苗能治疗晒黑的皮肤，
> 使肌肤清爽不油腻，起到美容护肤的作用。

## 制作方法

**1** 红椒洗净、去蒂，切圈；葱洗净，切成葱花，备用。

**2** 豌豆苗洗净，滗干水分；鸡蛋打入碗中，放入半小勺盐，搅拌均匀。

**3** 炒锅放油，大火烧热后倒入蛋液，转小火迅速滑散，翻炒至呈金黄色，盛出。

**4** 锅内留底油，放入葱花和红椒圈，爆香。

**5** 将豌豆苗放入锅中，加1小勺盐调味，翻炒均匀。

**6** 待豌豆苗微微变软，放入炒好的鸡蛋，再次翻炒均匀，即可出锅享用。

## 豌豆苗炒鸡蛋怎样才口感滑嫩爽脆？

搅拌蛋液时放入少许盐，可使鸡蛋滑嫩鲜香。豌豆苗一般比较嫩，想要使其口感滑嫩爽脆，火候一定要控制好，不宜太大，否则很容易炒煳；时间也不宜太久，以免把豌豆苗炒老，影响口感。

# 蒜薹炒鸡蛋

材料：蒜薹1把、红椒2个、鸡蛋2个

调料：盐1.5小勺、油3大勺

**制作方法**

**1** 蒜薹洗净，切成约2cm长的段；红椒洗净，斜切成段，备用。

**2** 用开水焯烫蒜薹，滗干水分，备用。

**3** 鸡蛋打入碗中，放入半小勺盐，搅拌均匀，备用。

**4** 炒锅倒2大勺油，烧至七成热后倒入蛋液，转小火不断翻炒，至五分熟后盛出。

**5** 净锅，倒入1大勺油，放蒜薹与红椒段，加盐调味，大火翻炒4分钟。

**6** 放入炒好的鸡蛋，继续翻炒均匀，待蒜薹微微变软，即可盛盘享用。

## 蒜薹炒鸡蛋怎样做才会色香味俱全？

首先蒜薹不宜太老，嫩一点儿的最好；其次，长时间翻炒蒜薹，会影响口感，为使其快速成熟，可以提前焯一下水；最后，鸡蛋用小火炒熟盛出后，用大火快速翻炒蒜薹，可更好保持其脆嫩的口感。

蒜薹含有多种维生素，可预防便秘，

其中维生素C具有明显的降血脂及预防冠心病和动脉硬化的作用。

食用蒜薹对老人预防疾病有一定的益处，

但不适合肠胃虚弱之人。

⏱ 15分钟　🍲 初级　🍜 2人

# 葱香鹌鹑蛋

**材料：** 香葱2根、鹌鹑蛋15个
**调料：** 盐1小勺、油2大勺、料酒1大勺、香油0.5小勇

制作方法

**①** 香葱洗净，切末，备用。

**②** 鹌鹑蛋打入碗中，加入葱末、盐，搅拌均匀，备用。

**③** 锅中倒入2大勺油，烧至五成热时，缓缓倒入鹌鹑蛋液。

**④** 转小火煎制，慢慢颠锅，以防煳锅；待蛋液稍微凝固后用筷子搅成块状。

**⑤** 翻炒成熟后，烹入料酒调味。

**⑥** 淋入香油，关火出锅，切块盛盘，即可食用。

## 葱香鹌鹑蛋怎么做才葱香扑鼻？

做葱香鹌鹑蛋时，香葱切得越细越好，这样才能让葱香味更好地挥发；烹入料酒，可以去掉鹌鹑蛋的腥气，使整道菜的香气更加浓郁。另外，煎制的时候，要用小火，以免煳锅。

鹌鹑蛋中含有丰富的蛋白质、脂肪、
碳水化合物以及多种维生素、卵磷脂和脑磷脂等，
其中卵磷脂比鸡蛋高出 3-4 倍，有很好的健脑效果，
还能预防因吃鱼虾发生的皮肤过敏症状。

# 胡萝卜炒鸡蛋

**材料：** 胡萝卜1根、葱1段、青线椒1个、鸡蛋2个

**调料：** 白糖1小勺、油3大勺、盐2小勺

🕐 10分钟　🍚 初级　🍜 2人

22

胡萝卜含有大量的胡萝卜素，具有补肝明目的功效，能治疗夜盲症；
同时，还含有大量的维生素 A，有益于补充人体营养，增强免疫力。
胡萝卜配合鸡蛋中的蛋白质，
能够均衡人体所需营养，多食用对身体有益。

## 制作方法

**①** 胡萝卜去皮、洗净，切丝；葱洗净，切成葱花；青线椒洗净、去蒂，斜切成片。

加白糖可使鸡蛋更蓬松

**②** 鸡蛋打入碗中，加入1小勺白糖，搅拌均匀，备用。

**③** 炒锅倒入2大勺油，烧至七成热时倒入蛋液，转小火快速滑散，翻炒至凝固后盛出。

**④** 炒锅再倒入1大勺油，加葱花爆香后放入胡萝卜丝，翻炒至胡萝卜丝变软。

**⑤** 放入炒好的鸡蛋，加2小勺盐调味，中火迅速翻炒均匀。

**⑥** 倒入青线椒片，继续翻炒1分钟，即可关火盛出。

## 胡萝卜炒鸡蛋怎样才能营养可口？

鸡蛋中加入一些白糖会使鸡蛋更加蓬松，香甜可口。炒胡萝卜的时候多放一些油，这样油里会含有很多胡萝卜素，在与鸡蛋一起翻炒后能够保证营养。

# 滑蛋牛肉

**材料：** 鸡蛋1个、牛肉1块、秀珍菇10根、胡萝卜1/3根、土豆半个、葱白1段、姜1块

**调料：** 淀粉2小勺、油3大勺、盐1小勺、白糖1小勺、白胡椒粉1小勺、生抽1小勺、水淀粉2大勺、香油1小勺

🕐 30分钟　🍳 中级　🍽 2人

## 滑蛋牛肉怎么做才肉香嫩滑？

首先牛肉需要提前腌制入味，用蛋清和淀粉将牛肉的汁更好地包裹住。其次，蛋液最后倒入牛肉中，不能用大火来炒，加盖焖或者小火炒，让蛋液不完全凝固，才能做出最嫩滑的滑蛋牛肉。

**制作方法**

**1** 取鸡蛋1个，打开蛋壳后，取蛋清备用。

**2** 牛肉洗净，切丝，加入蛋清和淀粉腌制，备用。

**3** 秀珍菇洗净，切片；胡萝卜去皮、洗净，切菱形片；土豆去皮、洗净，切菱形片。

**4** 将剩余蛋黄打散成蛋液；葱白洗净，切末；姜洗净，切末，备用。

**5** 炒锅中加2大勺油，倒入腌好的牛肉丝划散，炒熟后捞出，备用。

**6** 锅中加1大勺油，中火烧热，爆香葱姜，放胡萝卜、土豆、秀珍菇，炒出香味。

蛋液八成熟即可

**7** 接着倒入1碗清水，用大火煮沸后，转小火将食材煮熟。

**8** 放入牛肉丝，加盐、白糖、白胡椒粉、生抽，再倒入水淀粉勾芡后，淋入香油。

**9** 接着倒入蛋液，加盖焖1分钟后，即可关火、起锅，盛出食用。

# 滑蛋虾仁

**材料：** 虾仁1碗、鸡蛋4个、香葱末1大勺、枸杞1小勺
**调料：** 盐1小勺、料酒1大勺、白胡椒粉1小勺、淀粉1大勺、油3大勺

## 制作方法

**1** 虾仁洗净，挑去虾线，控干水分。

**2** 往虾仁中加盐、料酒、白胡椒粉、淀粉抓匀，腌制10分钟。

**3** 鸡蛋打入碗中，加入虾仁和一半香葱末，搅拌均匀。

**4** 炒锅放3大勺油烧热，倒入虾仁蛋液。

**5** 蛋液稍微成型后立即炒散，炒至鸡蛋金黄。

**6** 最后，撒入其余香葱末和枸杞，盛出即可。

 滑蛋虾仁怎样做才能蛋滑虾嫩？

处理虾仁时，要将虾线挑去，以免影响虾仁口感。虾仁用吸水纸吸干水分再腌制，更容易附着腌料。热油锅倒入虾仁蛋液，迅速滑散，待虾仁成熟，蛋液凝固，马上关火，这样口感蓬松、鲜嫩。

虾性温味甘，有补肾养血等功效。

鸡蛋可增强机体的代谢功能和免疫功能，防止动脉硬化。

滑蛋虾仁口感松软，易消化，

对身体虚弱以及病后需要调养的人来说是极好的食物。

30分钟　中级　3人

27

# 虎皮蛋烧肉

**材料：** 葱1根、姜1块、蒜4瓣、鹌鹑蛋10颗、五花肉1块（约500g）

**调料：** 油1碗、白糖2大勺、料酒1大勺、老抽3小勺、高汤2碗、盐1小勺

## 制作方法

❶ 葱洗净，切段；姜、蒜均去皮、洗净，切片，备用。

❷ 鹌鹑蛋冷水下锅，大火煮沸，转小火煮熟后捞出，放冷水中浸泡片刻后剥壳。

❸ 五花肉洗净，切成2cm见方的肉块，焯烫，除去血水、浮沫，捞出沥干，备用。

❹ 锅中倒油烧热，放入鹌鹑蛋，中火炸至蛋皮呈金黄色后捞出、控油。

❺ 锅中留底油，烧至五六成热时放入白糖，不停翻炒至呈金黄色、起泡。

❻ 然后放入肉块，煸炒至出油，放入葱段、姜片、蒜片、料酒、老抽，爆香。

❼ 向锅里加高汤至肉块刚被淹没，盖上锅盖，大火煮沸，再转为小火慢炖。

❽ 15分钟后，掀开锅盖将肉块翻炒一次，焖烧3分钟后放入鹌鹑蛋。

盐不宜早放，以免肉块变硬。

❾ 待鹌鹑蛋浸入肉汁后，加盐，大火收汁并不断翻炒，待肉汁呈厚稠状即可。

鹌鹑蛋富含蛋白质、脑磷脂、卵磷脂、维生素、铁、磷、钙等营养物质，对贫血、营养不良、神经衰弱、月经不调等病人具有调补作用，同时还有助于儿童生长发育，提高记忆力，保护视力。

30 分钟　中级　3 人

29

# 木须炒蛋

**材料：** 干木耳3朵、干黄花菜半碗、黄瓜1根、蒜2瓣、姜1块、葱1根、鸡蛋2个

**调料：** 盐1小勺、油2大勺、白糖1小勺、胡椒粉0.5小勺

🕐 20分钟　🍚 初级　🍜 3人

" 黄瓜富含蛋白质、糖类、维生素、胡萝卜素等营养成分，

具有利水利尿、清热解毒的功效；

黑木耳富含蛋白质、脂肪、钙等元素，

能有效预防缺铁性贫血、血栓、动脉硬化和冠心病，还具有防癌作用。"

## 制作方法

**1** 干木耳泡发、洗净、滗干，将尾蒂去掉，撕成小块；干黄花菜泡发、洗净。

**2** 黄瓜洗净，切成薄片；蒜和姜去皮、洗净，切末；葱去皮、洗净，斜切成片。

**3** 将鸡蛋打入碗中，加入半小勺盐，搅拌均匀，备用。

快炒可避免鸡蛋过老

**4** 炒锅烧热，倒1大勺油，烧至七成热转为小火，倒入蛋液滑散，稍微凝固时盛出。

**5** 另起油锅，烧热后倒入姜蒜末和葱片爆香；把木耳倒入锅中，与其一起翻炒2分钟。

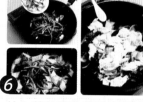

**6** 放入黄花菜和黄瓜片翻炒2分钟，然后倒入鸡蛋，加盐、白糖、胡椒粉翻炒。

## 木须炒蛋怎么做才清爽可口?

做木须炒蛋，黄瓜和木耳是关键。黄瓜切成薄片，快速翻炒，可以保持清脆的口感；泡木耳时要用凉水，这样泡出来的口感就会脆嫩爽口，而不会绵软发黏。

# 赛螃蟹

材料：鸡蛋4个、咸蛋黄2个、姜1块、蟹棒1根

调料：油4大勺、盐1小勺、白糖1大勺、醋2大勺、生抽1小勺、料酒1大勺

🕐 25 分钟　　🍳 高级　　🍽 3人

鸡蛋中的蛋白质对肝脏组织损伤有修复作用；
蛋黄中的卵磷脂、甘油三酯、胆固醇和卵黄素，
对神经系统和身体发育有较大作用，
可以改善记忆力，避免老年人智力衰退。

## 制作方法

**1** 鸡蛋洗净、去壳，分离蛋黄与蛋清，蛋黄中放入碾成泥的咸蛋黄，搅匀。

**2** 姜去皮、洗净，切末；蟹棒切成2cm小段，用开水焯烫，捞出备用。

**3** 炒锅倒入油，烧至七成热时放入蛋清，大火快炒30秒，凝固变白后盛出备用。

**4** 小碗中加入盐、白糖、醋、生抽、料酒、姜末，调成调味汁料。

**5** 炒锅倒入3大勺油，烧至五成热时倒入蛋黄液，转小火，快速翻炒至蛋黄微微凝固。

**6** 加入蛋白，与蛋黄翻炒均匀，倒入调味汁料和蟹棒继续翻炒，蛋黄半凝固即可。

## 赛螃蟹怎样做才会蟹味浓郁？

制作赛螃蟹时，在蛋黄液中加入一些咸蛋黄或者鱼肉蓉，可以使蛋白更具有蟹肉的味道，而蛋黄也更带有蟹黄的风味，从而整体上提高赛螃蟹中的蟹味，使其蟹味浓郁。

# 毛豆炒蛋

**材料：** 干辣椒3个、蒜2瓣、胡萝卜半根、毛豆米1碗、鸡蛋2个

**调料：** 盐1.5小勺、油2大勺、生抽1小勺、水半碗

## 制作方法

**1** 干辣椒洗净、去蒂，切段；蒜去皮、洗净，切成蒜末。

**2** 胡萝卜去皮、洗净，切丁；毛豆米洗净，滗干水分。

**3** 鸡蛋打入碗中，加半小勺盐，搅拌均匀，备用。

**4** 炒锅倒油，烧至七成热时，倒入鸡蛋液，转小火，快速滑炒，六成熟时盛出。

**5** 留底油，放干辣椒段、蒜末爆香，再倒入毛豆米，翻炒均匀后，加生抽和水，焖煮3-4分钟。

**6** 毛豆米熟透后，依次倒入胡萝卜片、鸡蛋，加1小勺盐调味，翻炒1分钟即可。

## 怎么做毛豆才能快速熟透？

制作毛豆炒蛋时，放干辣椒段和蒜末爆香，可以提升这道菜的辣香味道；另外，毛豆一般不容易成熟，翻炒毛豆后，要加生抽和清水焖煮3-4分钟，这样不仅可快速熟透，还可以使毛豆深度入味，香气四溢。

毛豆富含蛋白质、脂肪、胡萝卜素、维生素等营养元素，
具有健脾宽中、润燥消水、清热解毒、益气的功效；
另外，毛豆中含有大量的铁元素，有助于小孩补充营养，
对成人来说也能预防贫血。

🕐 20 分钟　🍚 初级　🍽 2 人

# 双蛋烩西兰花

**材料：** 香菇2朵、红椒1个、蒜3瓣、皮蛋1个、咸鸭蛋1个、西兰花半个
**调料：** 油1大勺、盐1小勺、胡椒粉1小勺、高汤1碗、水淀粉半碗

**制作方法**

**1** 香菇洗净，切成扇形；红椒洗净，斜切成段；蒜去皮、洗净，切末。

**2** 皮蛋和咸鸭蛋去壳、洗净，切成小块；西兰花洗净，切成小朵，焯烫、捞出、沥干。

**3** 炒锅倒入1大勺油，烧热后转为小火，倒入蒜末、红椒段，爆香。

**4** 放入西兰花和香菇，加盐和胡椒粉调味，中火翻炒均匀后挑出西兰花，盛入盘中。

**5** 炒锅中放入皮蛋和咸鸭蛋，加入高汤，大火煮约2分钟，用水淀粉勾芡。

**6** 将炖煮好的食材和汤汁浇在西兰花上，即可食用。

## 双蛋烩西兰花怎样做才浓香可口？

咸鸭蛋中盐分比较多，煸炒时可以少加盐或者不加盐；烩双蛋时加入高汤，可以使汤汁鲜香可口；出锅之前用水淀粉勾芡，汤汁会更加浓稠，色泽鲜艳，口感醇厚香浓。

猪肉中含有丰富的蛋白质及脂肪、碳水化合物、钙、磷、铁等成分，具有补虚强身、滋阴润燥、丰肌泽肤的作用；
西葫芦富含蛋白质、矿物质和维生素等物质，不含脂肪，含钠盐很低，有清热利尿、润肺止咳、消肿散结等疗效。

初级　2人

# 蛋皮炒三丝

**材料：** 猪肉1块（约50g）、西葫芦半个、胡萝卜半根、鸡蛋2个

**调料：** 盐2小勺、白胡椒粉1小勺、淀粉1小勺、油3大勺、生抽1小勺

**腌料：** 油0.5大勺、盐1小勺、白胡椒粉1小勺、淀粉1小勺、生抽1小勺、料酒1小勺

## 蛋皮丝怎样做才能口感细腻?

用料酒将淀粉溶化后再倒入蛋液中,可以避免蛋液结块;打散的蛋液最好过筛一遍,这样做出来的蛋皮会口感更细腻;在煎制蛋皮时,要全程保持小火,等蛋液变色凝固后再翻面,以免蛋皮碎掉。

## 制作方法

**1** 猪肉洗净,切成细丝,加入所有腌料,搅拌均匀,腌制10分钟。

**2** 西葫芦、胡萝卜均去皮、洗净,切丝,备用。

**3** 将鸡蛋打入碗中,加入盐、白胡椒粉、淀粉,用筷子搅拌均匀,备用。

**4** 平底锅烧热,倒入2大勺油,涂满锅底。

快速转动避免糊锅

**5** 转小火,将蛋液倒入锅中,迅速转动平底锅,使其定型成圆形饼状。

**6** 待蛋皮边缘脱离锅底后,关火,取出切丝,盛盘备用。

**7** 炒锅烧热,加1大勺油,倒入腌好的肉丝,快速翻炒,断生。

**8** 将西葫芦丝和胡萝卜丝倒入锅中,加生抽调味,翻炒2分钟。

**9** 加入1小勺盐、蛋皮丝,翻炒均匀,即可出锅。

# 银鱼炒蛋

**材料：** 香葱2根、红椒2个、蒜2瓣、鸡蛋3个、银鱼半碗

**调料：** 油1大勺、料酒1大勺、盐1小勺

🕐 **20分钟**

银鱼富含蛋白质、氨基酸，营养价值很高，
有润肺止咳、善补脾胃、宜肺、利水的功效，
对孕早期的孕妇来说，有很好的保健安胎的作用，
同时也有益于胎儿的神经系统和骨骼系统的发育。

**制作方法**

❶ 香葱洗净，切成葱花；红椒洗净，切丁，备用。

❷ 蒜去皮、洗净，切末，备用。

加水，可使口感更嫩滑

❸ 鸡蛋打入碗中，加少许水，搅拌均匀，备用。

❹ 炒锅加热，倒入1大勺油，烧至六成热后，倒入蒜末和一半葱花，爆香。

❺ 香味溢出后，倒入银鱼，大火快速翻炒，加1大勺料酒和1小勺盐调味。

❻ 蛋液入锅滑散，转中小火，略凝后翻炒，撒剩余葱花和红椒丁，鸡蛋成熟即可。

## 银鱼炒蛋怎么做才口感鲜美？

鸡蛋和银鱼本身都是比较鲜美的食材，在制作中，不需要加入味道比较强烈的作料，如生抽等。另外，蛋液里加少许水，可使口感更加嫩滑；银鱼比较鲜嫩，容易成熟，泡发至微软透明即可。

# 丝瓜炒鸡蛋

**材料：** 丝瓜2根、红椒1个、葱1段、姜1块、蒜3瓣、鸡蛋2个

**调料：** 盐2小勺、油2大勺

**1** 丝瓜去皮、洗净，切成滚刀块；红椒洗净、去蒂，切成小块，备用。

**2** 葱洗净，斜切成段；姜去皮、洗净，切末；蒜去皮、洗净，切片，备用。

**3** 鸡蛋打入碗中，加入半小勺盐，搅拌均匀，备用。

**4** 炒锅倒1大勺油，烧至七成热倒入鸡蛋液，转小火不断翻炒至五六成熟盛出。

**5** 净锅，倒入1大勺油，放入葱、姜、蒜大火爆香，倒入丝瓜和红椒块，快炒。

**6** 将炒好的鸡蛋倒入锅中，翻炒均匀，待丝瓜变色出水时加盐，翻炒1分钟。

## 丝瓜炒鸡蛋怎样做才味美鲜嫩？

炒鸡蛋的时候，一定要小火快速翻炒，不仅能避免煳锅，还能保证鸡蛋的松软，时间太久的话，鸡蛋很容易变老。另外，在炒到丝瓜出水的时候加盐，可以使丝瓜吃起来口感鲜嫩非常。

丝瓜有很多治疗疾病的功能，而且疗效显著，多食用丝瓜
有利于疾病的治疗和预防，
而丝瓜对女人来说就是可以使用的'化妆品'，
多食用丝瓜，可以美容养颜。

15分钟　初级　2人

# 蛋黄焗玉米

**材料：** 熟咸鸭蛋3个、香葱1根、生玉米粒1碗

**调料：** 淀粉1大勺、油1大勺、白糖1小勺

## 制作方法

**①** 将熟咸鸭蛋剥壳取出蛋黄；香葱洗净，切末。

**②** 将生玉米粒焯水，加入1大勺淀粉，搅拌均匀，备用。

**③** 锅烧热，加1大勺油，放入玉米粒，待玉米粒外壳呈金黄色，捞出备用。

**④** 锅中留少许底油，下入咸鸭蛋黄，小火翻炒。

**⑤** 炒至咸鸭蛋黄起沫、翻沙，香味飘出，下入熟玉米粒和1小勺白糖，中小火翻炒。

**⑥** 4分钟后，锅内加入香葱末，翻炒均匀，出锅装盘即可。

## 蛋黄焗玉米怎么做才味鲜色美?

腌制后的熟咸鸭蛋黄变软出油，经过小火翻炒，非常可口，且颜色诱人，裹在被炸得金黄的玉米粒上，更显得饱满，让人垂涎欲滴。和玉米炸制不同，咸鸭蛋黄应小火炒，直到起沫、翻沙，以保证其营养价值。

鸭蛋味甘性凉，富含脂肪、蛋白质及人体所需的各种氨基酸、微量元素、维生素等。

有大补虚劳、滋阴养血、清肺除热的功效，对水肿胀满、阴虚失眠等症有一定的治疗作用，外用则可以治疗疮毒。

# 糖醋荷包蛋

**材料：** 葱半段、姜1块、蒜2瓣、胡萝卜1/4段、香葱1根、鸡蛋3个

**调料：** 盐1小勺、醋2大勺、白糖2大勺、油2大勺、水淀粉2大勺

🕐 10分钟　🍴 初级　🍲 2人

> 鸡蛋中含有大量的蛋白质、脂肪、氨基酸和其他多种微营养素，
> 有益于人体营养均衡；
> 鸡蛋中的卵磷脂及钙、铁、维生素等对神经系统
> 和身体发育有着很重要的影响，具有健脑益智的功效。

## 制作方法

**1** 葱、姜切丝；蒜去皮，切片；胡萝卜去皮，切丝；香葱切葱花。

**2** 碗中依次倒入1小勺盐、2大勺醋、2大勺白糖以及半碗清水，调好汁料。

**3** 炒锅倒入1大勺油，烧至七成热，依次将鸡蛋打入锅中，中小火慢煎至半熟盛出。

**4** 净锅，再次倒入1大勺油，烧至七成热，下葱姜丝、蒜片、胡萝卜丝爆香。

**5** 将煎至半熟的荷包蛋慢慢放入锅中，沿同一方向缓缓倒入调味汁料，转中火熬煮。

**6** 用水淀粉勾芡，转小火继续熬煮2分钟，至其充分入味、汤汁浓稠，撒香葱花。

### 糖醋荷包蛋怎么做才汁浓蛋香?

做糖醋荷包蛋时，鸡蛋需两次入油锅，第一次是为了将其煎成金黄香醇的荷包蛋，第二次是为了让调味汁料渗入荷包蛋中，使其充分入味；用水淀粉勾芡，则可使汤汁浓香可口。

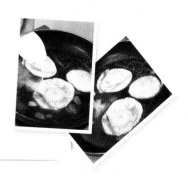

# 蛋炒河粉

**材料：** 葱1段、胡萝卜半根、红辣椒1个、香葱1根、河粉1份（约150g）、鸡蛋1个、青蒜碎1小勺

**调料：** 生抽1大勺、蚝油1小勺、盐0.5小勺、白糖1小勺、油4大勺、干淀粉1小勺

**制作方法**

❶ 葱、胡萝卜切丝，红辣椒切圈，香葱切葱花。

❷ 碗中加生抽、蚝油、盐、白糖，搅匀，做成调味汁。

❸ 河粉煮熟，加入1大勺油拌匀；鸡蛋打成蛋液，加入干淀粉搅匀。

❹ 锅中加1大勺油烧热，倒蛋液摊成蛋皮，切丝；炒锅倒2大勺油烧热，倒胡萝卜丝炒软。

❺ 接着放入葱丝、河粉、蛋丝、青蒜碎及调味汁，大火炒匀。

❻ 最后，撒上香葱花、红辣椒圈一起炒匀后，再加盖焖3分钟回软，即可出锅。

 蛋炒河粉如何做才浓香味美？

炒河粉的时候一定要用大火加料汁一起拌炒，以防止炒过久把河粉炒老。同时，也可加入大骨高汤、牛骨高汤、鸡骨高汤等，使炒出来的河粉更加入味浓香。

⏱ 15分钟　🍲 中级　🥄 1人

# 西红柿蛋炒饭

**材料:** 西红柿1个、香葱1根、蒜3瓣、鸡蛋2个、白米饭1碗

**调料:** 盐1小勺、白胡椒粉0.5小勺、油2大勺、白糖0.5小勺

🕐 30分钟　🍲 初级　🍚 1人

## 西红柿蛋炒饭如何做口感更好？

为了防止西红柿皮在烹饪过程中脱落，影响整道菜的口感及品相，最好将西红柿去皮之后再切成小块进行烹调，这样也更易入味；油烧热后再将蛋液入锅，可使鸡蛋迅速膨胀起来，吃起来更加香松软滑。

### 制作方法

**1** 西红柿顶部切"十"字花刀，倒入滚水烫30秒，撕去表皮。

**2** 西红柿去皮后，对半切开，用刀切除硬蒂，备用。

**3** 西红柿切丁；香葱、蒜均去皮、洗净，切末。

**4** 蛋液中加入半小勺盐和白胡椒粉，快速搅拌均匀。

**5** 炒锅放2大勺油，大火烧热，倒入蛋液，待鸡蛋略成型后，立即炒散。

**6** 鸡蛋滑散后，放入西红柿丁和蒜末翻炒。

**7** 鸡蛋和西红柿炒均匀后，倒入米饭，继续翻炒。

**8** 待翻炒均匀、米饭粒粒分明，加白糖和半小勺盐调味。

**9** 最后，撒上香葱末，盛出即可。

# 茶树菇炒鸭蛋

**材料：** 茶树菇1把、青椒半个、红椒半个、葱1段、鸭蛋2个

**调料：** 鱼露2小勺、油2大勺、盐2小勺

**制作方法**

加鱼露
可去腥提鲜

**1** 茶树菇去根、洗净，浸泡15分钟，滗干；青红椒洗净，切丝；葱切葱花。

**2** 将鸭蛋打入碗中，加入2小勺鱼露，搅拌均匀。

**3** 炒锅倒1大勺油，烧至七成热，倒入蛋液，煎成金黄色的蛋饼，盛出备用。

**4** 将蛋饼切成0.5cm宽的蛋丝，备用。

**5** 炒锅倒1大勺油，烧至七成热，放葱花爆香，加茶树菇，中火翻炒3分钟。

**6** 倒入蛋丝，加盐调味，翻炒均匀后即可关火、盛盘。

## 茶树菇炒鸭蛋怎么炒才鲜香四溢?

首先，在做菜之前，一定要去掉茶树菇的根，并清洗干净，否则会影响口感。其次，要在鸭蛋液中加一些鱼露，这样既可以起到去腥的作用，又能够提鲜留香，使鸭蛋的口感更好。

茶树菇含有氨基酸、菌蛋白、B 族维生素和多种矿物质元素，
有补肾、健脾、补虚扶正、促进代谢、
止泻、抗肿瘤、抗癌的功效。
对于高血压和肥胖症患者，茶树菇也是很好的选择。

15分钟　　初级　　2人

# 蛋黄山药

**材料：** 鸭蛋3个、香葱1根、山药1段（约250g）

**调料：** 油1碗、盐1小勺

⏱ 30分钟　🍲 初级　🍜 2人

54

> 山药含薯蓣皂苷元、糖蛋白、维生素 C、胆碱、黏液质、
> 尿囊素、淀粉、游离氨基酸等元素，
> 具有补脾养胃、生津益肺、补肾涩精之效，
> 主治脾虚食少、久泻不止、肺虚喘咳、肾虚遗精、虚热消渴等症。

## 制作方法

**①** 取3个鸭蛋洗净、去壳，分离蛋黄和蛋清；香葱洗净，切成葱花，备用。

**②** 鸭蛋黄上锅大火蒸约6分钟，成熟后取出，用勺子碾压成泥。

**③** 山药去皮、洗净，切成约3cm长的段，然后依次放入蛋清中，沾裹均匀。

**④** 平底锅倒入半碗油，烧至六七成热时转小火，放山药段，煎至两面金黄。

**⑤** 起油锅，放入蛋黄泥，小火翻炒至蛋黄泥出沙。

**⑥** 倒入煎好的山药段，加1小勺盐调味，翻炒均匀，撒上香葱花，即可出锅。

## 蛋黄山药怎么做才软糯鲜香？

做蛋黄山药时，先将鸭蛋黄蒸熟、碾压成泥，再炒出沙，可使口感更加细腻爽滑。将山药段均匀沾裹上蛋清，可以增加山药的软糯香滑，使其入口即化；煎至金黄，则可以增加山药的爽脆口感。

⏱ 20分钟　🍚 中级　🍜 1人

# 咸蛋黄炒饭

**材料：** 胡萝卜半根、香葱1根、干香菇3朵、咸鸭蛋2个、白米饭1碗

**调料：** 油3大勺、盐0.5小勺、白糖0.5小勺、香油1小勺

### 咸蛋黄炒饭怎么炒才能咸香入味?

压碎的咸蛋黄放入锅中，一定要小火炒，炒至其起泡后，再加少许水，稀释蛋黄，做成蛋黄酱，此时加入胡萝卜和香菇，食材就会吸收咸蛋黄酱浓郁的香味，炒出的米饭才会香气诱人。

> 蛋黄中含有维生素 $B_2$，维生素 $B_2$ 是水溶性维生素，易被消化吸收，它会不断通过代谢而排出体外，故人要经常补充维生素 $B_2$。若人体长期缺乏维生素 $B_2$ 会出现皮肤炎症、身体机能障碍等症状。

## 制作方法

❶ 胡萝卜洗净，刮去表皮，切去根。

❷ 香葱洗净，切成段；胡萝卜切成丁。

❸ 干香菇放入温水浸泡30分钟，仔细清除根部和表面的泥沙。

❹ 干香菇切成丁；咸鸭蛋取出蛋黄，备用。

❺ 锅中倒油，把咸蛋黄放入锅中不停翻搅，小火炒至咸蛋黄起泡并飘出香味。

❻ 接着放入胡萝卜丁和香菇丁，用中火炒熟。

❼ 将白米饭下锅，中火炒至饭粒松散、入味，再加盐、白糖调味。

❽ 然后加入香葱段，转大火，炒至米饭芳香入味。

❾ 翻炒均匀后，淋入香油，即可食用。

# 鹌鹑蛋烧排骨

**材料：** 排骨3根、鹌鹑蛋12个、葱1根、姜1块、蒜3瓣、干辣椒3个、香菇3朵

**调料：** 油2大勺、老抽1大勺、冰糖3颗、料酒1大勺、盐1大勺、胡椒粉1小勺

**香辛料：** 八角3颗、桂皮2块、香叶2片、花椒15粒

## 制作方法

**1** 排骨剁成块，洗净，放入沸水焯烫3分钟，撇去血沫，捞出，滗干水分备用。

**2** 锅中加水，放入洗净的鹌鹑蛋，大火烧开后转中火继续煮3分钟，成熟后捞出过凉，去壳备用。

**3** 葱洗净，分别切成斜段和葱花；姜和蒜去皮、洗净，切片；干辣椒洗净、去籽，斜切成段，备用。

**4** 香菇去蒂、洗净，对切成半；八角、桂皮、香叶洗净，备用。

**5** 炒锅中倒油，放葱花、八角、桂皮、香叶和花椒，小火炒香，然后下入焯好的排骨，翻炒至出油。

**6** 依次放入葱段、姜片、蒜片、干辣椒，加老抽和冰糖，翻炒至排骨上色。

**7** 下入去壳的鹌鹑蛋和香菇，继续翻炒均匀。

**8** 加入开水和料酒，使其高出材料约3cm，然后加盐调味，盖上锅盖，大火煮约45分钟。

**9** 掀开锅盖，待汤汁收浓，撒入少量胡椒粉，翻炒均匀，就可以出锅享用啦。

鹌鹑蛋富含维生素、卵磷脂、蛋白质、铁、钙等营养物质，对肺病、肋膜炎、哮喘、心脏病、神经衰弱有一定疗效，是脑血管病人的理想补品。

排骨也有很高的营养价值，具有滋阴壮阳、益精补血之效。

🕐 1 小时 30 分钟　🍲 中级　🍜 3 人

# 菠菜蛋皮拌粉丝

材料：粉丝1把、胡萝卜1根、菠菜1把、鸡蛋2个

调料：盐1小勺、白糖1小勺、油2.5大勺、米醋1大勺、香油1小勺、辣椒油1小勺

⏱ 10分钟　🍚 初级　🍜 2人

凉拌

菠菜含有丰富的维生素C、胡萝卜素、蛋白质，
以及铁、钙、磷等矿物质，有利于促进生长发育、增强抗病能力；
鸡蛋富含蛋白质、脂肪、氨基酸和其他微营养素，
对于防治动脉硬化、预防癌症、延缓衰老有非常好的作用。

制作方法

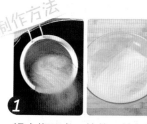

**1** 锅中烧开水，放盐，放入粉丝煮熟，捞出过凉备用。

**2** 胡萝卜切丝，焯烫；菠菜择好、洗净，焯烫过凉，备用。

**3** 将烫过的菠菜挤干水分切段，放入碗中加入白糖和半小勺盐拌均匀。

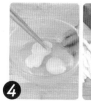

**4** 鸡蛋打散，锅中倒2大勺油，倒入蛋液摊成蛋皮，并切成丝备用。

**5** 剩余的白糖、盐、油、米醋、香油、辣椒油调匀成调味汁。

**6** 菠菜、鸡蛋丝、胡萝卜丝放入碗中，加入调味汁拌匀即可。

菠菜蛋皮拌粉丝怎样做才口感鲜美？

焯烫菠菜的水中要加点盐，入水即可关火，过凉要冲透，这样烫过的菠菜可保持碧绿的色泽。粉丝煮熟后可剪短，方便入口。

61

# 鸡蛋沙拉

**材料：** 香葱1根、土豆1个、鸡蛋2个

**调料：** 沙拉酱2大勺、盐1小勺、黑胡椒粉0.5小勺

制作方法

❶ 香葱洗净，切成葱花，备用。

❷ 土豆洗净、去皮，与洗净的鸡蛋一起放入蒸锅，蒸熟后取出。

❸ 将蒸熟的土豆切成约1cm见方的小块，备用。

❹ 蒸熟的鸡蛋去壳，切成约1cm见方的小块，备用。

❺ 将土豆块和鸡蛋块放入碗中，加沙拉酱和盐、黑胡椒粉，搅拌均匀。

❻ 将鸡蛋沙拉倒入盘中，撒上香葱，即可食用。

鸡蛋沙拉怎样做才口感鲜美？

将土豆块和鸡蛋块放入碗中，加沙拉酱和盐、黑胡椒粉，可大大提升菜品的鲜味。

鸡蛋富含蛋白质、脂肪、氨基酸和其他微营养素，
对于防治动脉硬化、预防癌症、延缓衰老有非常好的作用。

🕐 10分钟　　🍳 初级　　🍽 2人

# 皮蛋豆腐

材料：皮蛋1个、内酯豆腐1盒、香菜1根、干辣椒2个、杏仁碎1小勺

调料：油2大勺、生抽1小勺、醋2小勺、盐1小勺、香油1小勺

🕐 20分钟　🍳 初级　🍚 2人

> 皮蛋富含铁质、甲硫胺酸、维生素 E，可泻肺热、醒酒、去大肠火、治泻痢、促进食欲，也可治眼疼、牙疼、高血压、耳鸣眩晕、便秘、咽喉痛等疾病，火旺者最宜食用。

制作方法

煮过后蛋黄不粘刀

**1** 皮蛋放在沸水中煮5分钟，过凉冷却，剥除蛋壳，切成小丁。

**2** 将内酯豆腐切成0.8cm厚的片，摆入盘中；香菜洗净、切成小段，备用。

**3** 干辣椒洗净、去蒂、去籽，切成碎丁。

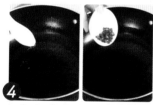

**4** 炒锅中倒入2大勺油，放入干辣椒碎，小火煸炒出香味，制成辣椒油。

**5** 辣椒油中倒入生抽、醋、盐、香油，调成红油。

**6** 将皮蛋丁撒在豆腐上，淋入红油，撒上杏仁碎、香菜段，即可。

皮蛋豆腐怎样料理才品相完美？

做皮蛋豆腐时，将皮蛋放入沸水煮 5 分钟，蛋黄凝固，切丁时不会粘刀；将干辣椒制成辣椒油，然后加入生抽、醋、盐、香油等调成红油，淋在皮蛋豆腐上，可以增加这道菜的香辣口感。

# 剁椒皮蛋

**材料：** 香葱1段、姜1块、蒜3瓣、皮蛋2个、变蛋2个、熟白芝麻1小勺

**调料：** 醋1大勺、生抽1大勺、香油1小勺、白糖0.5小勺、剁椒半碗

制作方法

刀沾点水再切可不粘连

**1** 香葱洗净，切成葱花，备用。

**2** 姜、蒜均去皮、洗净，切末，备用。

**3** 皮蛋和变蛋去壳、洗净，用刀切成均匀的四块。

**4** 碗中倒入适量姜末、醋、生抽、香油、白糖，搅拌均匀，调成调味汁料。

**5** 将蒜末和剁椒倒入摆列整齐的皮蛋和变蛋上。

**6** 沿同一方向转圈淋入调味汁料，撒上香葱花和熟白芝麻，即可食用。

## 剁椒皮蛋怎样做才口感鲜美?

制作剁椒皮蛋时，用姜末、醋、生抽、香油、白糖调成调味汁料，均匀淋在皮蛋上，可使所有皮蛋鲜香入味，撒上少许白芝麻，更可提升口感的鲜美。另外，将刀沾点水对半切开皮蛋，可避免刀与皮蛋粘连。

皮蛋较鸭蛋含更多矿物质，能刺激消化器官，增进食欲，
促进营养的消化吸收，中和胃酸，
具有润肺、养阴止血、凉肠、止泻、降压之功效。
此外，皮蛋还有保护血管、提高智商、保护大脑的功能。

🕐 10分钟　　🍽 初级　　🍚 2人

# 皮蛋拌凉粉

材料： 皮蛋2个、香葱1根、红辣椒2个、凉粉1块（约300g）

调料： 盐1小勺、白糖1小勺、醋1大勺、香油1小勺、胡椒粉1小勺

🕙 10分钟　🍳 初级　🍜 2人

> 皮蛋含有多种矿物质，
> 有润喉、去热、醒酒、去大肠火、治泻痢等功效。
> 凉粉清凉爽滑，夏季吃可消暑解渴，
> 冬季吃多调辣椒又可祛寒，增进食欲。

**制作方法**

**1** 皮蛋剥壳、洗净，切成1cm见方的小块，备用。

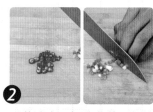

**2** 香葱洗净，切成葱花；红辣椒洗净，切成圈状，备用。

**3** 凉粉用凉开水冲洗后，滗干水，切成3cm长的条状，备用。

**4** 将盐、白糖、醋、香油依次倒入碗中，搅拌均匀，调成调味汁料备用。

**5** 凉粉放入盘内，上面摆放皮蛋，撒香葱花和红辣椒圈，倒入调味汁料腌制10分钟。

**6** 撒上胡椒粉，稍微搅拌一下即可食用。

## 皮蛋拌凉粉怎样做才口感鲜美？

制作皮蛋拌凉粉时，将皮蛋和凉粉分别切成小块和长条状，可以更好更快入味；用盐、白糖、醋、香油调味，可以使这道菜清淡爽滑、酸甜适口。食用时也可以蘸姜末，口感更加鲜美。

# 姜汁皮蛋

**材料：** 皮蛋4个、蒜2瓣、姜1块、香葱2根、红椒2个

**调料：** 白糖2小勺、盐0.5小勺、辣椒油0.5小勺、醋3大勺、生抽1大勺、香油1小勺

制作方法

**①** 皮蛋去皮，切成四瓣，备用。

**②** 蒜拍扁、去皮，切末；姜去皮，切末。

**③** 香葱洗净，切末；红椒洗净，切丝。

**④** 将蒜末和姜末放入碗中，加入白糖、盐、辣椒油、醋、生抽、香油拌匀。

**⑤** 浸泡姜蒜10分钟，做成风味浓郁的姜汁。

**⑥** 最后，把姜汁淋在皮蛋块上，撒上红椒丝和香葱花，即可食用。

## 姜汁皮蛋怎么做才姜味浓郁？

切皮蛋时容易破碎，可以在刀的两面抹上薄薄的一层油再切，这样切出的皮蛋就会完整不碎；调制姜汁时，要将姜末充分浸泡，使姜的味道融入调味料汁中，这样做出的姜汁皮蛋才姜味浓郁，风味更佳。

皮蛋较鸭蛋相比含有更多矿物质，脂肪和热量稍有下降，
皮蛋能刺激消化器官，增进食欲。

皮蛋与醋和姜一起食用，能清热消炎、滋补健身。

不过皮蛋中铅含量较高，一次不宜多食，儿童也不宜食用。

🕐 20 分钟　　🍴 初级　　🥢 2 人

# 蒜末·变蛋

**材料:** 蒜3瓣、葱1段、红椒1个、变蛋3个

**调料:** 生抽1大勺、醋1大勺、白糖0.5小勺、香油1小勺

🕐 10分钟　🍲 初级　🍚 2人

变蛋是由鸡蛋制作而成，富含蛋白质、脂肪、碳水化合物等营养成分，
能泻热、醒酒、去大肠火、治泻痢，
亦可治疗眼疼、牙疼、高血压、耳鸣眩晕等疾病。
火旺者最宜食用，少儿、脾阳不足、肝肾疾病患者少食。

## 制作方法

**1** 蒜去皮、洗净，切末；葱洗净，切成葱花，备用。

**2** 红椒洗净，切成辣椒圈，备用。

**3** 变蛋去壳、洗净，用刀切四瓣，均匀摆放在盘中。

**4** 碗中倒入生抽、醋、白糖、香油，搅拌均匀，调成调味汁料，备用。

**5** 将蒜末和红椒圈倒入已摆列整齐的变蛋上。

**6** 沿同一方向转圈淋入调味汁料，撒上葱花，即可食用。

### 蒜末变蛋怎样做才鲜香可口？

制作蒜末变蛋时，用醋、生抽、香油、白糖调成调味汁料，均匀淋在变蛋上，可使其鲜香入味，撒上蒜末、红椒圈，更可以提升这道菜的蒜香和辣香味。另外，将刀沾点水对半切开变蛋，可避免刀与变蛋粘连。

# 汁浓味醇
## 蒸煮卤蛋料理

红亮诱人的卤虎皮鸡蛋

鲜香滑润的皮蛋瘦肉粥

蒸笼和卤汁中

跳跃出生活的美好滋味

皮蛋瘦肉粥

卤虎皮鸡蛋

鸡蛋富含DHA和卵磷脂、卵黄素，对神经系统和身体发育有利，能健脑益智，改善记忆力，并促进肝细胞再生。

# 三鲜鸡蛋羹

材料：鸡蛋4个、温水1.5碗、鲜香菇2朵、火腿1块、虾仁8个、香葱末1大勺

调料：盐1小勺、蒸鱼豉油1大勺、香油1小勺

⏱ 20分钟　🍳 中级　🍚 2人

76

## 鸡蛋羹怎么蒸才会香滑、表面无蜂窝？

蒸鸡蛋羹时，必须在蒸碗上覆盖保鲜膜，否则在锅内高温环境下，碗内鸡蛋的水汽会流失，从而形成蜂窝状孔洞。在锅边上垫一根筷子，以保持锅内热气与外界流通，使蛋液慢慢凝固，这样口感最好。

制作方法

鸡蛋不洗净有细菌

**❶** 鸡蛋用水冲洗，充分洗去表面的脏污和细菌。

**❷** 鸡蛋打入碗中，加盐，倒入温水，搅拌均匀。

蛋液过滤更加细腻

**❸** 取另一只碗，将拌好的蛋液倒入滤网反复过滤2遍，将泡沫滤去。

**❹** 碗上覆盖保鲜膜，用牙签在保鲜膜上戳若干小洞，保持空气流通。

**❺** 鲜香菇洗净、在顶部划出"十"字；火腿切丁；虾仁洗净，备用。

**❻** 蒸锅中加水大火煮沸，放入蛋液，中小火蒸7-8分钟至蛋液稍稍凝固。

**❼** 打开锅盖，去除保鲜膜，将香菇、火腿丁、虾仁都放入鸡蛋羹中。

**❽** 再盖上锅盖，大火蒸2-3分钟后关火，焖5分钟。

**❾** 最后，撒上香葱末，淋上蒸鱼豉油和香油，香滑爽口的鸡蛋羹就大功告成了。

# 虾仁鸡肉蛋卷

**材料：** 胡萝卜1根、姜1块、香葱1根、虾仁1碗、鸡肉1块、鸡蛋3个

**调料：** 盐1小勺、生抽2小勺、白胡椒粉1小勺、油1大勺

制作方法

**①** 胡萝卜去皮、洗净，剁碎；姜去皮、洗净，切末；香葱洗净，切末。

**②** 虾仁、鸡肉均洗净，切碎。

**③** 将虾仁、鸡肉碎和胡萝卜碎放入盆中。

**④** 加入盐、姜末、生抽、白胡椒粉，搅拌均匀，调馅。

**⑤** 鸡蛋打入碗中，搅拌均匀，备用。

**⑥** 炒锅倒1大勺油，烧至七成热，倒入鸡蛋液，转小火，将蛋液摊成均匀的饼。

**⑦** 在鸡蛋饼上平铺一层虾仁鸡肉馅，然后顺同一方向卷成长条状。

**⑧** 将虾仁鸡肉蛋卷放入蒸锅，大火煮沸，然后转小火蒸制15-20分钟。

**⑨** 取出虾仁鸡肉蛋卷，切成约3cm宽的块状，摆入盘中，撒香葱末即可。

虾仁营养丰富，含有大量的镁，
对老年人延缓衰老有着重要的作用。
鸡肉中含有大量的蛋白质，
和鸡蛋、虾仁搭配，营养均衡、老少皆宜。

# 三色蒸蛋

**材料：** 鸡蛋2个、松花蛋2个、咸鸭蛋2个、胡萝卜1/4根

**调料：** 盐1小勺、油1小勺、高汤2大勺、香油1小勺

30 分钟　中级　4 人

## 三色蒸蛋有什么关键点？

蒸蛋的器皿以方形稍深点的为佳，可以用圆形碗代替，但最好是比较深的直口碗，这样方便蒸好后切出造型，三种蛋比例为 1:1:1，数量越多越厚，切得时候越容易。切之前要先放凉。

制作方法

**1** 鸡蛋打入碗中，加盐、油、高汤搅拌均匀，备用。

注意不要有粘连

**2** 松花蛋、咸鸭蛋去壳，洗净，切成小块，备用。

**3** 在容器底部铺上保鲜膜，将松花蛋和咸鸭蛋放入容器内，均匀分布。

**4** 再将鸡蛋液缓慢倒入容器中，裹住所有的松花蛋和咸鸭蛋。

**5** 在容器表面覆盖一层保鲜膜，注意不要留下任何空隙，以免空气进入。

**6** 将装有蛋液、松花蛋和咸鸭蛋的容器放入蒸锅中，大火蒸约15分钟。

**7** 胡萝卜去皮、洗净，切丝，备用。

**8** 取出容器，掀开保鲜膜，将三色蒸蛋倒扣在平底盘中。

**9** 撕掉底部的保鲜膜，将蒸蛋切成5cm长、3cm宽的片，撒胡萝卜丝，淋香油即可。

# 西红柿鸡蛋汤

**材料：** 干黑木耳2朵、干香菇3朵、葱白1段、香菜2根、鸡蛋2个、西红柿2个

**调料：** 油2大勺、清水5碗、盐1.5小勺、白糖1小勺、料酒1大勺、胡椒粉1小勺、水淀粉4大勺、香油1大勺

*制作方法*

**1** 干黑木耳和干香菇分别放入冷水浸泡10分钟，充分泡发，洗净。

**2** 黑木耳去蒂，切碎；香菇切丁；葱白切葱花；香菜切末；鸡蛋打入碗中，搅拌蛋液。

**3** 西红柿洗净，在顶部划"十"字，用沸水烫1分钟，冷水冲洗去皮、去蒂，切片。

**4** 起油锅，爆香葱花，下入香菇丁、黑木耳碎炒香，再放入西红柿片，炒至出汁。

**5** 倒入清水，放入盐、白糖、料酒、胡椒粉，搅匀，大火煮开，淋入水淀粉勾芡。

**6** 淋入蛋液，待蛋液结花，浮至汤面，淋入香油，撒上香菜即可。

## 西红柿鸡蛋汤怎么做才清爽酸甜？

先爆香葱花和西红柿，待西红柿出汁后再加水煮汤，若将西红柿直接放入沸水中煮，蛋汤会鲜味不足；往蛋液中加少量水，淋出的蛋花会更细腻、好看。

# 西红柿鸡蛋打卤面

**材料：** 西红柿1个、鸡蛋1个、葱1段、姜1块、猪肉1块（约50g）、开水1碗、挂面1把（约150g）、香葱花1大勺、香菜末1大勺

**调料：** 油2大勺、盐1小勺、白糖2小勺、生抽1大勺、水淀粉3大勺、醋0.5大勺

⏱ 20分钟　🍳 初级　🍚 1人

西红柿中含有丰富的抗氧化剂，可以防止自由基对皮肤的破坏，

具有明显的美容抗皱的效果，

还可以减少低密度脂蛋白、降低血浆胆固醇浓度，预防心血管疾病；

与鸡蛋混合做成卤料，美味又营养。

制作方法

**1** 西红柿洗净、去蒂，切块；鸡蛋打入碗中拌匀；葱洗净，切末；姜洗净，切丝，备用。

**2** 猪肉剔除表面白色筋膜、洗净，切成0.5cm宽的细丝，备用。

**3** 锅中加2大勺油，烧至四成热，倒入肉丝，中火炒至发白，爆香葱末、姜丝。

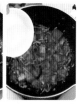

**4** 将西红柿丁放入锅中略炒，倒入开水，加盐、白糖、生抽拌匀。

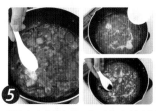

**5** 汤汁略微浓稠后，淋水淀粉和蛋液，形成蛋花后，再淋入醋。

**6** 另起锅，加水煮沸，放入挂面，煮熟后捞出盛碗，浇上西红柿鸡蛋卤，撒香葱花、香菜末。

西红柿鸡蛋打卤面怎么做才清爽味鲜?

西红柿自然清香，炒西红柿时，切勿加入口味重的黄豆酱油，只添少许生抽提味即可；打蛋花时，预先将汤汁勾芡或者往蛋液中加等量清水，之后再缓缓地倒入蛋液，略微搅拌后就会形成蛋花。

85

# 五香茶叶蛋

**材料：** 茶叶1碗、鸡蛋4个、冰糖10粒

**调料：** 老抽3大勺、盐3小勺　　　**香辛料：** 八角4颗、桂皮1块、香叶4片、花椒20粒、姜4片

制作方法

浸泡可去
除涩味

**1** 茶叶用开水浸泡15分钟，取出备用。

注意别敲
碎、掉壳

**2** 鸡蛋洗净，放入煮锅中，大火煮5分钟，捞出、晾凉后将蛋壳均匀敲裂。

**3** 砂锅加入适量冷水，放入八角、桂皮、香叶、花椒、姜片，中火焖煮15分钟。

**4** 再加入茶叶、冰糖、老抽和盐，转大火焖煮5分钟。

翻动可使
入味均匀

**5** 将敲裂的鸡蛋放入砂锅中，盖上锅盖，转小火焖煮40分钟，期间可翻动一下鸡蛋。

**6** 关火后，再浸泡3-4个小时，使其深度入味，即可出锅。

## 五香茶叶蛋怎样做才入味均匀？

先用小铁勺将鸡蛋逐个敲裂，不仅可使鸡蛋在和香辛料、调味料一起炖煮的时候均匀入味，而且会出现漂亮的纹路，可谓色香味俱全。另外，焖煮后再浸泡几个小时，可使鸡蛋深度入味，香味更加浓醇。

茶叶含有咖啡因、单宁酸等，可提神醒脑、消除疲劳、预防中风。
鸡蛋富含氨基酸、蛋白质和微量元素等，可满足人体需求。
不过，茶叶中的生物酸碱与鸡蛋中的铁元素结合，
对胃有刺激性，所以不宜多吃。

🕐 1 小时 30 分钟　🍽 中级　🍜 4 人

# 乡巴佬鹌鹑蛋

**材料：** 鹌鹑蛋10个、葱1根、姜1块、蒜5瓣

**调料：** 盐1小勺、八角3颗、桂皮1块、花椒15粒、老抽2大勺、冰糖10粒

制作方法

**1** 鹌鹑蛋洗净，放入锅中，加入清水和盐，大火烧开后转中小火，将鹌鹑蛋煮熟。

**2** 将煮熟的鹌鹑蛋捞出放入冷水中，待其变凉后，去皮备用。

**3** 葱洗净，切段；姜、蒜分别去皮、洗净，切成小块，备用。

**4** 把葱姜蒜和八角、桂皮、花椒等调料均匀平铺在锅底。

**5** 碗中倒2大勺老抽，放入去皮的鹌鹑蛋，使其均匀沾裹。

**6** 将沾裹有老抽的鹌鹑蛋放入锅中，倒入碗中剩下的老抽。

**7** 锅中加水，使其没过鹌鹑蛋，大火煮开后，转小火再煮约20分钟。

**8** 放入冰糖上色，继续小火煮约20分钟。

**9** 关火，将煮好的鹌鹑蛋在卤汁中浸泡4小时，即可食用。

鹌鹑蛋含有丰富的蛋白质、脑磷脂、维生素、铁、磷等营养物质，有补益气血、强身健脑、丰肌泽肤之效，主治贫血、营养不良、神经衰弱、月经不调、高血压、支气管炎等症，适宜婴幼儿、老人、孕妇等食用。

1小时30分钟　中级　2人

89

# 卤虎皮鸡蛋

材料：姜1块、葱1根、青椒半个、红椒半个、鸡蛋6个、八角3颗

调料：生抽5大勺、料酒1大勺、盐1小勺、油1碗、水淀粉1小勺

⏱ 1 小时　🍚 中级　🍜 3人

## 鸡蛋怎样炸才比较安全？

将鸡蛋放入油锅中时，一定要先转为小火，避免鸡蛋炸开；同时要注意鸡蛋表面不要带太多水分,否则会有油星溅出。当鸡蛋表皮起皱、色呈金黄、状如虎皮时，就可以出锅了。

**制作方法**

**1** 姜、葱去皮、洗净，分别切片和切段，备用。

**2** 青椒、红椒洗净、去蒂，切丁，备用。

捞出鸡蛋后先放入冷水冷却

**3** 鸡蛋洗净，放入煮锅中大火煮5分钟，至鸡蛋成熟关火，捞出、剥壳。

**4** 鸡蛋用生抽腌渍40分钟，然后取出，滗净汁水。

**5** 锅内加水，放葱段、姜片、料酒、八角、盐，大火烧开，煮10分钟捞出材料。

**6** 取炒锅，放油，大火烧至七成热后转小火，将鸡蛋分次下锅。

**7** 炸至呈虎皮状，然后取出炸好的鸡蛋，滗净油渍，盛盘备用。

水淀粉勾芡可使口感更加嫩滑

**8** 锅中留少许油，放入青椒丁、红椒丁，爆香，然后倒入高汤，并用水淀粉勾芡。

**9** 将爆香的青红椒丁和高汤淋入炸好的虎皮鸡蛋上，即可食用。

91

# 咸蛋黄蒸豆腐

**材料：** 豆腐1盒、红椒1个、香葱3根、咸鸭蛋4个、虾仁15只

**调料：** 盐1小勺、香油1小勺

制作方法

❶ 取出豆腐，切丁；红椒切圈；香葱切末。

❷ 咸鸭蛋去皮、洗净，取出蛋黄，切丁。

❸ 虾仁洗净、去虾线，用刀在背部切开一刀，备用。

❹ 水烧开，将豆腐放入水中煮片刻，再捞出来放入凉水中。

❺ 待豆腐凉透后，捞出来，滗干水分。

❻ 将虾仁与豆腐拌在一起，注意不要把豆腐搅碎，加入盐、香油。

❼ 将咸蛋黄丁均匀铺在豆腐上面。

❽ 锅里加水，将豆腐放入蒸锅，盖好锅盖。

❾ 8分钟后，关火，撒香葱末、红椒圈，即可食用。

豆腐营养极高，含铁、镁、钾、烟酸、铜、钙、锌、磷、叶酸、维生素 $B_1$、蛋黄素和维生素 $B_6$ 等。

常食可补中益气、清热润燥、清洁肠胃、帮助消化，对牙齿、骨骼的生长发育颇为有益，还能够增加血液中铁的含量。

🕐 30分钟　🍴 初级　🍜 3人

# 韭菜鸡蛋水饺

**材料：** 面粉1.5碗、韭菜1把、粉丝1把、鸡蛋3个

**调料：** 油2大勺、盐3小勺、五香粉2小勺

制作方法

❶ 面粉加适量水，搅拌成雪花状。

❷ 和成表面光滑的面团，醒发20分钟。

❸ 韭菜洗净，切碎；粉丝泡软，切碎；鸡蛋打散成蛋液，备用。

❹ 起锅，热油，将蛋液倒入锅中滑散，晾凉备用。

❺ 切碎的粉丝中放入鸡蛋、韭菜，加入油、盐和五香粉，搅拌均匀。

❻ 醒好的面团揉匀，分割搓成长条。

❼ 搓好的长条切成剂子，擀成边缘薄中间厚的面皮。

❽ 包入调好的韭菜鸡蛋馅料，捏成饺子生坯。

❾ 锅中倒入水，烧开后下入水饺，再大火烧开后改中火煮至饺子浮起，捞出即可。

韭菜含有丰富的维生素，并且是铁、钾、
维生素 A 的重要来源之一，富有'菜中之荤'的美称。
韭菜中含有较多的粗纤维，热量较低，并散发出一种独特的辛香气味，
有助于增进食欲的作用，还有散瘀活血、行气导滞的作用。

🕐 40分钟 　🍲 中级 　🍜 4人

95

# 皮蛋瘦肉粥

**材料：** 香葱2根、姜1块、皮蛋1个、猪瘦肉1块（约100g）、大米半碗

**调料：** 料酒1大勺、淀粉1大勺、盐1小勺、香油1大勺

🕐 1小时　🍳 中级　🍚 2人

## 皮蛋瘦肉粥怎么做才绵软滑口?

煮皮蛋瘦肉粥要注意食材下锅的顺序,不易煮烂的先放。这道粥中大米煮成粥最耗时间,因此最先入锅;其次瘦肉烫熟也需要时间,所以第二批下;皮蛋本身就是熟的,因此最后放。

**制作方法**

**1** 香葱洗净,切碎;姜洗净,切丝;皮蛋去壳,切丁,备用。

**2** 猪瘦肉切成1cm见方的小丁,放入碗内。

**3** 加料酒、淀粉和半小勺盐,腌制10分钟。

**4** 将腌好的肉焯水、滗干。

**5** 锅内加水煮沸,放入洗净的大米,转中火煮30分钟,放入姜丝、肉丁。

**6** 粥煮至浓稠后,用勺不时搅动,撒入其余盐调味。

**7** 再放入皮蛋丁,用小火继续煮5分钟。

**8** 之后撒上香葱,增添香味。

**9** 最后,淋上香油调味,即可食用。

# 酥嫩香口
## 煎炸烤蛋料理

外酥里嫩的蛋黄焗南瓜
绵软香甜的虎皮蛋糕卷
温度和耐心
将平凡无华的食材转化为奇妙的美味

虎皮蛋糕卷

蛋黄焗南瓜

南瓜含有淀粉、蛋白质、胡萝卜素、维生素B和钙、磷等成分，能润肺益气、化痰排浓、治咳止喘。

# 剁椒黄瓜鸡蛋塌

**材料：** 黄瓜1根、鸡蛋2个、剁椒1大勺

**调料：** 盐2小勺、胡椒粉1小勺、油1大勺

制作方法

**❶** 黄瓜洗净，切丝，加1小勺盐腌制10分钟，挤出水分，备用。

**❷** 鸡蛋打入碗中，加入1大勺剁椒，搅拌均匀，备用。

**❸** 将黄瓜丝放入蛋液中，加入1小勺胡椒粉、盐，继续搅拌均匀。

**❹** 炒锅中倒入1大勺油，大火烧至七成热时倒入混合了黄瓜、剁椒的蛋液。

**❺** 转小火，将蛋液煎至定型，然后翻面，继续煎制1分钟。

**❻** 待鸡蛋塌两面呈金黄色，即可盛出，切块装盘。

## 剁椒黄瓜鸡蛋塌怎么做才鲜辣十足?

腌制黄瓜后，一定要将黄瓜中的水分挤出，这样才能更好保持黄瓜的清香味。另外，蛋液、剁椒、黄瓜、盐、胡椒粉一定要搅拌均匀，这样才会咸淡均匀，味道鲜辣美味。

20 分钟　　初级　　2 人

# 五彩煎蛋

**材料：** 洋葱1个、土豆2个、西红柿1个、菠菜1棵、鸡蛋2个

**调料：** 盐2小勺、白胡椒粉1小勺、油1大勺

🕐 30 分钟　🍳 高级　🍚 2人

> 土豆、西红柿、鸡蛋、洋葱、菠菜中均含有丰富的营养元素，
> 对平时做早餐的人来说，五彩煎蛋会是一个很好的选择，
> 不仅可以吸收多种营养，西红柿对女人来说也是美容佳品，
> 多食用会使皮肤光滑。

## 制作方法

**1** 洋葱去皮、洗净，切成小丁；土豆去皮、洗净，切成小块，蒸熟后碾压成泥。

**2** 西红柿洗净，用开水焯熟后去皮，切丁；菠菜去根、洗净，焯水后切末。

**3** 鸡蛋打入碗中，倒入土豆泥，一起搅拌均匀。

**4** 再将菠菜末、西红柿丁和洋葱丁放入碗中，加入2小勺盐和1小勺白胡椒粉，拌匀。

**5** 平底锅倒入1大勺油，烧至七成热时，把混合了所有食材的鸡蛋液均匀摊在锅中，中小火煎至两面金黄。

**6** 取出鸡蛋饼，放凉片刻，切成三角状，即可食用。

### 五彩煎蛋怎么做才色香味俱全?

首先，选用土豆、西红柿、洋葱、菠菜等食材，不仅色彩鲜艳、鲜香袭人，还极富营养。其次，煎蛋时要注意火候，不宜用大火，火太大容易变煳，另外也不要在油非常热的时候倒入蛋液，这样会影响口感。

# 三色蛋卷

**材料：** 鸡蛋3个、黄瓜1根、胡萝卜1根、韭黄1把
**调料：** 盐1小勺、油1大勺、色拉酱2大勺

**1** 鸡蛋打入碗中，加半小勺盐搅拌均匀，备用。

**2** 黄瓜洗净，切丝；胡萝卜洗净、去皮，切丝；韭黄洗净，切成小段，备用。

**3** 锅中倒入1大勺油烧热，分别放入胡萝卜丝和韭黄段，加盐调味，炒熟后盛出备用。

**4** 净锅，锅内刷一层薄薄的油，倒入蛋液，使其铺满锅底，小火摊成鸡蛋饼。

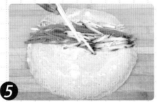

**5** 将鸡蛋饼平铺在案板上，均匀铺上黄瓜丝、胡萝卜丝和韭黄段。

**6** 轻轻卷起鸡蛋饼，切成约5cm长的段，摆入盘中，挤上色拉酱，即可食用。

## 三色蛋卷怎样做才口感鲜美？

在打鸡蛋时加盐可以让蛋皮变得强韧、细腻，口感和质感更好。煎蛋饼时油不能多，薄薄一层即可，先刷油，然后小火煎鸡蛋饼，不仅不粘锅，而且会更滑嫩鲜美。煎蛋饼时火不能大，一定要用小火。

黄瓜富含维生素 C，有利于预防动脉硬化，提高免疫力；
胡萝卜含大量胡萝卜素，有益于益肝明目、健脾除疳、
增强免疫功能、降糖降脂；蛋黄中含有丰富的卵磷脂、固醇类、
蛋黄素以及钙、磷、铁等微量元素，
有助于增进神经系统的功能，也是非常好的健脑食品。

20分钟　初级　2人

# 鸡蛋葱油饼

材料：香葱1根、鸡蛋2个、面粉4大勺

调料：盐1小勺、胡椒粉1小勺、油1大勺

⏱ 10分钟　🍳 初级　🍜 2人

> 鸡蛋富含蛋白质、脂肪、维生素和铁、钙、
> 钾等人体所需要的矿物质，对肝脏组织损伤有修复作用；
> 另外还富含 DHA 和卵磷脂、卵黄素，能健脑益智，
> 改善记忆力，并促进肝细胞再生、养心安神、滋阴润燥。

## 制作方法

**1** 香葱洗净，切成葱花，备用。

**2** 将鸡蛋在碗中打散，加入葱花和盐，搅拌均匀，备用。

**3** 面粉中加半碗水，搅拌均匀，直至成为没有疙瘩的面糊浆。

**4** 在面糊浆中倒入搅拌好的蛋葱液，加胡椒粉调味，搅拌均匀。

**5** 煎锅中倒入1大勺油，使其平铺锅底，然后倒入面糊浆，亦均匀平铺锅底。

**6** 中小火将面糊浆煎至两面呈金黄色，一个香香的葱油饼就做好了。

### 鸡蛋葱油饼怎样做才口感鲜美？

做鸡蛋葱油饼时，倒入少许油，转动几下煎锅，让锅底都沾上油，既可使面糊浆沾裹上油香味，口感香脆鲜美，又可以避免煳锅。不过，多余的油需要倒出来，这样煎出来的葱油饼才不会油腻腻的。

# 鸡蛋灌饼

**材料：** 面粉半碗（约150g）、50℃温水1/4碗（约90g）、鸡蛋1个、火腿末4小勺、
榨菜末2小勺、香葱末1小勺、生菜叶2片

**调料：** 盐1小勺、油3大勺、甜面酱0.5小勺

🕐 40分钟　🍲 中级　🥣 2人

制作方法

**①** 面粉倒入盆中，加入盐和温水，用筷子搅拌成絮片状，再揉成面团，饧20分钟。

**②** 面粉加油拌匀至稍微成形，即成"油酥"。

**③** 鸡蛋打入碗中，充分搅匀，倒入火腿末、榨菜末和香葱末，搅拌均匀。

**④** 案板上撒一层干面粉，将面团放在案板上，搓成长条形面。

**⑤** 将长条形面切成若干小面剂子，切口朝上摆放在案板上。

**⑥** 接着将小面剂子压扁，擀成薄面皮。

**⑦** 均匀涂抹上油酥，再用这样的薄面饼包起一个切好的小面剂子，再次揉成面团。

**⑧** 将揉好的面团再次擀成直径15cm的圆形饼状。

**⑨** 电饼铛内用刷子刷一层薄油，将面饼放入，用小火烙制。

**⑩** 饼的中间鼓起时，用筷子将鼓起来的部分扎一个小口，倒入鸡蛋液，再烙1分钟。

**⑪** 鸡蛋液凝固时，翻面继续煎制，至两面都呈金黄色，即可关火，出锅。

**⑫** 鸡蛋饼均匀地抹一层甜面酱，铺生菜，卷起。

# 日式厚蛋烧

**材料：** 香葱5根、火腿1根、鸡蛋5个

**调料：** 盐1小勺、白糖1小勺、油2大勺　　**调味汁料：** 蒸鱼豉油2大勺、生抽1大勺、白糖1小勺

🕐 20分钟　🍲 初级　🥢 1人

## 厚蛋烧怎么做才能松软可口？

厚蛋烧想要做得松软可口，关键是掌握火候。搅拌蛋液时，不要搅到起泡；煎蛋皮时，要一直保持在中小火的状态，如果有气泡产生，要用筷子戳破，这样才能做出绵细膨松的好吃厚蛋烧。

**制作方法**

**①** 香葱洗净，与火腿均切成细末，备用。

**②** 将鸡蛋打入碗中，加盐、白糖、火腿末、香葱末，搅拌均匀。

**③** 大火将平底锅烧热，用刷子刷一层薄油，转小火，倒入1/5蛋液。

**④** 轻轻摇晃平底锅，让蛋液均匀布满锅底，稍微凝固后对折卷起。

**⑤** 继续放1/5蛋液，让蛋液均匀布满锅底。

**⑥** 待蛋液稍稍凝固后，与步骤4中已卷起的蛋卷叠在一起，再次对折卷起至锅边。

**⑦** 重复步骤5、6。

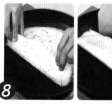

**⑧** 最后一次将煎好的蛋饼卷起来后，翻面，再稍微煎一下。

**⑨** 将厚蛋烧取出，切开，蘸着调味汁料即可食用。

# 韩式蛋包饭

**材料：** 胡萝卜半根、火腿肠1根、玉米粒1大勺、豌豆1大勺、鸡蛋2个、米饭半碗

**调料：** 淀粉1小勺、盐2小勺、油4大勺、胡椒粉1小勺、番茄酱2大勺

## 制作方法

**1** 胡萝卜去皮、洗净，与火腿肠一起切成细丁；玉米粒、豌豆分别焯水，备用。

**2** 淀粉加适量清水制成水淀粉，放入2个鸡蛋，加半小勺盐打散成蛋浆。

**3** 锅中放2大勺油，下入胡萝卜丁，炒至断生后，加入火腿肠丁。

**4** 倒入玉米粒、豌豆粒和米饭翻炒，加入盐、胡椒粉、1大勺番茄酱炒匀，盛出。

**5** 净锅，加2大勺油，倒入蛋浆，摊成蛋皮。

**6** 待蛋液凝固时，在一侧放入炒米饭，对折蛋皮，压紧边缘，淋上番茄酱即可。

## 蛋皮怎么做才能薄厚一致？

小火把锅均匀加热，锅里倒入少量油，把锅端离火口，待锅的温度降至60℃时，用炒勺舀蛋浆入锅中，旋转让浆汁流遍全锅，再把锅移至火口上，仍不断转动，待蛋浆成皮、边缘翘起时即可。

蛋包饭中的米饭，能够提供充足的碳水化合物，补充人体所需热量。
而鸡蛋中的蛋白含有大量的蛋白质，
蛋黄中含有丰富的卵磷脂、维生素等，对人体的生长发育十分有益，
特别适合处在生长期的孩子经常食用。

# 萝卜干烘蛋

**材料：** 萝卜干1碗、虾皮1大勺、青蒜1根、鸡蛋3个
**调料：** 油2大勺、盐1小勺、胡椒粉1小勺

**制作方法**

**1** 萝卜干洗净，滗干水分；虾皮洗净；青蒜去皮、洗净，切成青蒜末，备用。

**2** 炒锅烧热，不放油，放入萝卜干，转小火炒干，盛出备用。

**3** 锅中倒入1大勺油，放入虾皮和炒干的萝卜干，爆香，盛出。

**4** 鸡蛋打入碗中，加1小勺盐，再将爆香的虾皮和萝卜干、青蒜末、胡椒粉依次放入蛋液中，搅拌均匀。

**5** 净锅，倒入1大勺油，烧至六七成热时倒入裹有所有材料的蛋液，盖上锅盖，转中火慢烘约5分钟。

**6** 待蛋液稍微凝固，用锅铲翻面，烘至成熟，一道美味的萝卜干烘蛋就做好啦。

## 萝卜干烘蛋怎么做才鲜香可口?

做萝卜干烘蛋时，首先干锅将萝卜干炒去水分，再和虾皮一起爆香，可以使其沾裹上虾皮的鲜香味；烘制的时候，一定要用中火慢烘，否则容易焦煳，破坏鲜香的口感。

萝卜干富含维生素 B、蛋白质、胡萝卜素、抗坏血酸、
糖分以及钙、磷、铁等营养成分和矿物质，
可降血脂、降血压、消食开胃、清热生津、化痰止咳等，
具有'素人参'之美名。

⏱ 20 分钟　🍲 初级　🍜 2 人

# 蛋黄焗南瓜

材料：香葱2根、枸杞1小勺、小南瓜1个、咸鸭蛋2个

调料：盐1小勺、淀粉1小勺、油1碗、白糖0.5小勺

**制作方法**

❶ 香葱洗净，切成葱花；枸杞洗净、泡发，备用。

❷ 小南瓜洗净、去皮，除去瓜瓤，切成1cm宽、4cm长的条，备用。

❸ 在南瓜条中放入半小勺盐，腌制20分钟，使南瓜出水。

❹ 咸鸭蛋洗净、去壳，取出蛋黄，用勺子碾压成泥，备用。

南瓜条全都裹上

❺ 将腌好的南瓜条控干水分，然后放入淀粉拌匀。

❻ 炒锅倒入1碗油，烧至五成热时，放入南瓜条，转小火慢炸至颜色呈浅黄且微硬，捞出。

❼ 锅中留少许底油，放入碾压成泥的咸蛋黄，小火慢炒。

❽ 咸蛋黄炒出泡沫时，放入炸好的南瓜条，加盐和白糖调味。

❾ 稍微翻炒，使蛋黄均匀地附着在南瓜条上，放入葱花，撒上枸杞，即可出锅。

南瓜含有淀粉、蛋白质、胡萝卜素、维生素 B、
维生素 C 和钙、磷等成分，能润肺益气，化痰排浓、治咳止喘。
同时，对于预防前列腺癌、防治动脉硬化与胃黏膜溃疡、
控制糖尿病、软化结石也有重要作用。

🕐 20 分钟　🍲 中级　🍽 2 人

# 焦糖鸡蛋布丁

**材料：** 白糖1碗、牛奶1盒、鸡蛋黄2个、油半碗

🕐30分钟　🍲中级　🍜1人

牛奶里面钙含量很高，同时富含蛋白质、维生素，
可阻止肿瘤细胞增长、补充钙质、提高大脑的工作效率、提高视力等；
焦糖的主要成分是糖，食用含焦糖的食物能迅速给人体提供热量。

**布丁液过滤更细腻**

**制作方法**

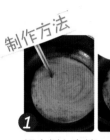
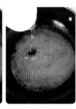

**1** 锅中倒入白糖，小火使其慢慢融化，颜色渐深时加入清水搅拌均匀成焦糖汁。

**2** 牛奶倒入碗中，加热后加入白糖，搅拌至白糖融化，放凉，备用。

**3** 鸡蛋黄搅拌均匀，缓慢倒入步骤2的碗中，继续搅拌均匀，即成布丁液。

**4** 模具用刷子均匀刷一层油，然后将布丁液倒入模具中，盖保鲜膜。

**5** 蒸锅中加入清水，大火烧开后，将模具放入蒸锅，蒸约8分钟。

**6** 取出蒸熟的布丁，浇上焦糖汁，即可享用。

**焦糖鸡蛋布丁怎样做才好吃？**

做焦糖汁时，需用小火融化白糖，加入清水后应慢慢搅拌均匀，以免液体溅出；另外，用筛子把布丁液过筛两遍，可使其更细腻，蒸出来更香滑。

# 虎皮蛋糕卷

**材料：** 鸡蛋黄8个、玉米淀粉2大勺、牛奶1碗、面粉半碗、鸡蛋清8个、淡奶油半碗、草莓3个

**调料：** 油1大勺、白糖5大勺、醋1小勺

## 制作方法

**1** 取4个鸡蛋黄，加入1大勺白糖打至发白、浓稠，再加入玉米淀粉，拌匀至无颗粒，倒入铺了油纸的烤盘。

**2** 将烤盘放入预热了200℃的烤箱烤5分钟，再用低火烤1分钟，上色后取出，放凉成虎皮，备用。

**3** 另取4个鸡蛋黄，放入油、牛奶和2大勺白糖拌成蛋黄糊，然后加入面粉，拌至无颗粒，备用。

**4** 将蛋清倒入干净的无水无油的容器里，加1大勺白糖和醋，打至硬性发泡。

**5** 把1/3发泡的蛋清糊倒入蛋黄糊中搅匀，再把剩余的蛋清糊全部倒入蛋黄糊里，继续搅匀。

**6** 将步骤5中混合的糊倒入铺了油纸的烤盘，放入预热了180℃的烤箱烤20分钟。

**7** 淡奶油中加入2大勺白糖，打发至硬性，放入冰箱；草莓洗净、去蒂，切成草莓丁，备用。

**8** 锡箔纸上铺上一层保鲜膜，然后将虎皮倒扣在上面，抹上薄薄一层打发至硬性的淡奶油。

**9** 然后将烤好的蛋糕倒扣在虎皮上，撕去油纸，抹上淡奶油、放上草莓丁，即可享用。

牛奶中的钾可使动脉血管在高压时保持稳定，
减少中风风险，常喝牛奶能预防动脉硬化；
蛋黄中含有丰富的脂肪、蛋白质、维生素等，可以避免智力衰退，
增强记忆力，促进机体的新陈代谢。

40分钟　　高级　　3人

黄油是牛奶提炼出来的，营养价值是奶制品之首，
富含氨基酸、胆固醇、蛋白质、维生素 A 等各种维生素和矿物质，
可炸鱼、煎牛排、烤面包等，
香醇美味，绵甜可口。

🕐 1 小时 40 分钟　　🍲 高级　　🍽 2人

# 葡式蛋挞

**材料：** 低筋面粉1碗、高筋面粉半碗、牛奶1盒、白糖半碗、鸡蛋2个

**调料：** 酥油4大勺、清水半碗、黄油1碗